J I U D U A N S H A S H I D I

S H A N G H A I

上海九段沙湿地国家级
自然保护区 主编

上海九段沙湿地

中国林业出版社

九段沙湿地遥望浦东国际机场

九段沙湿地是上海市面积最大的自然保护区。

九段沙湿地是世界上最重要的生态敏感区之一。

九段沙湿地紧邻上海，但人为干扰较少，至今还完整地保留着海洋、河流、陆地三大生态系统相互作用的自然演变过程。

九段沙湿地的保护与建设，对于上海未来生态环境的改善，实现经济、社会的可持续发展，把上海建成国际经济、金融、贸易、航运中心之一，无疑将产生巨大而深远的影响。

序

长江从雪山走来，一路淌滩穿峡，走过九九八十一湾，在这里稍做梳理，豪迈而从容地向东海奔去。这里万鸟云集，时而天鹅戏水，时而雁鸭鸣唱，时而鸥鹬掠空，时而鹳鹭玉立；这里鱼蟹群集，时而弹涂在滩地上跳跃，时而鳗鲡在水中徜徉，时而青蟹依水漫步，时而白虾在水底顽皮地扎猛；这里水草丰美、芦苇荡漾，潮汐、风浪、滩涂与水文、气象相互作用而形成的河口型特有生态环境，促成了万物相安祥和竞自生长，组合出一幅人与自然和睦共处、和谐共生的盎然景象。这便是浦东新区、上海市乃至长三角地区重要的生态屏障——上海九段沙湿地国家级自然保护区。

湿地，作为“地球之肾”、“生命摇篮”、“物种基因库”和“鸟类乐园”，与人类的生存、繁衍和发展息息相关。研究表明，仅占地球表面6%的湿地，却为地球上20%的已知物种提供了生存环境，具有巨大的生态功能和环境效益。当你走进九段沙湿地，徜徉在湿地的世界里，会领略到生物造化的神奇之力，水、天、地、物合一的境界，会令你超然脱俗，尽洗心尘，想象力也好像长了翅膀一样，长久地在清香湿润的空气里流淌，任由原始景观与现代思维撞击，切身感悟人与自然和谐之美的真谛，这便是湿地之美、湿地之神奇所在。

上海九段沙湿地自然保护区管理署与野生动物摄影家张斌合作，历尽艰辛，用心血凝成的这本《上海九段沙湿地》，通过一幅幅精美的画面，艺术地再现了湿地之美、湿地之神奇和湿地之独特魅力，向人们展示了地处长江口与东海交汇处的国家级湿地自然保护区——九段沙湿地。打开此书，湿地的唯美，人与自然的交融，时光的凝固，乃至凝固了的思绪，定会给你带来心灵的震撼和视觉的冲击。该书不仅是上海市、浦东新区长期以来致力于生态环境保护的反映，也是上海市、浦东新区落实科学发展观，建设生态文明，促进和谐发展的真实写照。

《上海九段沙湿地》的出版可谓是一个亮丽的宣传载体、一个清新的展示窗口和一张精美的城市名片。把这本影集奉献给广大读者，愿一幅幅精美画面，能带你走进九段沙湿地，拉近你与湿地的距离，进一步了解湿地，热爱湿地，领略湿地之魅力，唤起更多的人，为湿地生态保护献计出力。

张词祖

2008年10月于上海

Foreword

The Yangtze River originate from the Qinghai and Tibetan Plateaux, across snow-capped mountains, winding around several thousand kilometers eastward, traversed more than 100 Bay, where a little order, hammer and easily get to the East China Sea.

Here million birds gather, sometimes swans play in the water, sometimes wild ducks songbird are stimulated, and sometimes gulls snipe fly swiftly, sometimes stork spoonbill stand straightly; Fish and crabs cluster here, and sometimes skippers jump on the beach, and sometimes eel in the water read, and sometimes crabs walk on water, and sometimes shrimps dive underwater naughtily. Here reeds lush, reed ripple, tides, waves, the beach and hydrology, meteorology resulting from the interaction between the mouth of the unique ecological environment and promote the universal harmony competing since growth interaction, a combination of a harmonious coexistence between man and nature, the symbiotic harmony campaign scene. This is the Pudong New Area, Shanghai and the Yangtze River Delta region important ecological barrier - Shanghai Jiuduansha Wetland National Nature Reserve.

Wetlands, as a "kidney of the earth" and "cradle of life" and "species gene pool" and "bird paradise", and the survival of mankind, are closely related to reproduction and development. Research shows that only 6% of the Earth's surface wet, but for 20 percent of the Earth provides a known species living environment, and is of tremendous ecological functions and environmental benefits. When you walked into Jiuduansha Wetland, wetlands and relish in the world will experience the magic of the power of the brush, water, space, and, of the unity of the state, will be refined so that you aloof, heart to wash the dust and also imagination as long as the wings, in the long-term fragrance humid air flowing, let the original landscape and impact of modern thinking, personal sentiment harmony between man and nature of the true meaning of the essence, this is the beauty of wetlands, wetlands where the magic.

Shanghai Jiuduansha Nature Reserve administration, collaborated with wildlife photography artist Zhang Bin, experienced hardships, cemented with the efforts of this "*Shanghai Jiuduansha Wetland photography,*" and through a increase the rate of exquisite pictures, art depicts the beauty of wetlands, and wetlands of the magic of the unique charm to demonstrate to the interchange of Yangtze and East China Sea-Jiuduansha Wetland. Open the series, wetlands aestheticism, and the integration of man and nature, the time of solidification, and the solidification of the thoughts and hearts will give you the shock and visual impact. This series is not only in Shanghai, the Pudong New Area has long been committed to the protection of the ecological environment reflected, but also in Shanghai, the Pudong New Area implementation of the scientific concept of development, construction ecological civilization, and to promote the harmonious development of a true portrayal.

"*Shanghai Jiuduansha Wetland photography*" is the publication of the publicity is a brilliant vector, a fresh display window and a beautiful city's calling card. This devotion to a large number of readers of this series, to a rate of exquisite pictures, can take you into Jiuduansha Wetland, wetlands closer to you and the distance, a better understanding of wetlands, wetland love to enjoy the charm of wetlands, arouse more people for the protection of wetlands ecosystems ideas and effort.

Zhang Cizu

October 2008 – Shang Hai

前　言

千百年来，滚滚长江携带着丰富的泥沙在长江口沉淀、淤积造就了崇明岛、长兴岛和横沙岛。而仅仅短短半个世纪的时间，在距浦东3.7公里之外、长江口最靠外海的地方，一片400多平方公里的原生湿地又已悄然形成，这就是——九段沙湿地。

九段沙湿地是长江南支河段中最年轻的沙洲，是本市规模最大、发育最好的河口型潮汐滩涂湿地，也是国内惟一仍保持原始河口沙洲地貌及发育过程的重要地区。在这里，得天独厚的生态环境和气候条件，孕育了丰富的生物资源，形成了海三棱藨草——我国这一特有种的最大分布区域，吸引了成千上万的候鸟来此栖息、觅食，周围水域也成为了众多水生动物育肥的理想场所。作为重要的生态敏感区和功能区，九段沙湿地具有重要的生物多样性保护、生态系统服务和科学研究价值。

2000年3月，上海市人民政府批准建立上海九段沙湿地自然保护区，2005年7月，九段沙湿地自然保护区成功晋升为国家级自然保护区。保护区成立以来，我们坚持"规划先行，依法治区，科研与保护并重"的理念，努力将九段沙保护区打造成人和自然和谐共融的国家级湿地生态示范基地。

本书是在浦东新区财力资助下，由上海九段沙湿地自然保护区管理署组织专业摄影师历经一周年的时间在九段沙保护区实地拍摄，从上万张照片中甄选出来成册的。此书共分地质地貌、植物资源、底栖动物、鱼类资源、鸟类资源和昆虫等多个篇章。

该书的推出，是对九段沙保护区成立八年来开展保护工作的一个见证，旨在希望有更多热心环保公益事业的有识之士能共同参与到湿地保护、自然保护区管理工作中来，借此也将为您揭开九段沙湿地神秘的面纱，愿九段沙湿地能成为浦东和上海的一张靓丽的生态名片。

编者

2008年1月

Preface

For thousands of years, the Yangtze River carrying billowing rich sediment in the Yangtze Estuary sediments, siltation created Chongming, Changxing and Hengsha Island. Just a short span of half a century, in the 3.7 km from Pudong, on the Yangtze River estuary off the most, a more than 400 square kilometers of the original wetland has quietly formed, and this is - Jiuduansha Wetland.

Jiuduansha Wetland in the South Branch of the Yangtze River is the youngest of the sandbank, the largest and best development of the estuary tidal shoals wetland in Shanghai, is the only original estuary remains sandbar development of the landscape and an important region. Here unique ecological environment and climatic conditions have generated a rich biological resources, and formed *Scirpus triqueter* - this species of the largest regional distribution, attracting hundreds of thousands of migratory birds to this habitat, feeding, and the surrounding waters has become an ideal place for many aquatic animals for fattening. As an important ecologically sensitive areas and functions, Jiuduansha has an important wetland biodiversity conservation, ecosystem services, and scientific research value.

In March 2000, Shanghai Jiuduansha Wetland Nature Reserve was approved to establish by Shanghai Municipal People's Government; in July 2005, Jiuduansha Wetland Nature Reserve was successfully promoted to national nature reserve. Since the establishment of protected area, we adhere to the "planning in advance, law, scientific research and protection of both" concept in an effort to create protected area Jiuduansha wetland and a harmonious natural wetland ecosystem of national demonstration bases.

This "photography" in the Pudong New Area financial support, by the Shanghai Jiuduansha Wetland Nature Reserve Administration organized professional photographer time as a whole year of the Jiuduansha protected areas in the field shooting, from the 10,000 photos selected. This album consists of geological features, and plant resources, benthic fauna, fish resources, birds and insects, and other resources chapters.

Shanghai Jiuduansha Wetland Photography, the launch of the establishment of protected areas Jiuduansha eight years to carry out the work of protecting a witness to hope that more and more enthusiastic about environmental protection to public welfare undertakings of insight to jointly participate in wetland protection, the management of nature reserves in the past, and it will take you opened Jiuduansha veil of mystery of the wetland, and is willing to make Jiuduansha Wetland will become Pudong and Shanghai's a beauty ecological card.

Editor
January 2008

九段沙湿地的位置

九段沙是长江口新生岛屿
位于长江口南港的南、北槽之间，
九段沙隔南槽与上海浦东国际机场相望，
保护区东临东海，西接长江，西南、西北分别与浦东、横沙岛隔江相望。

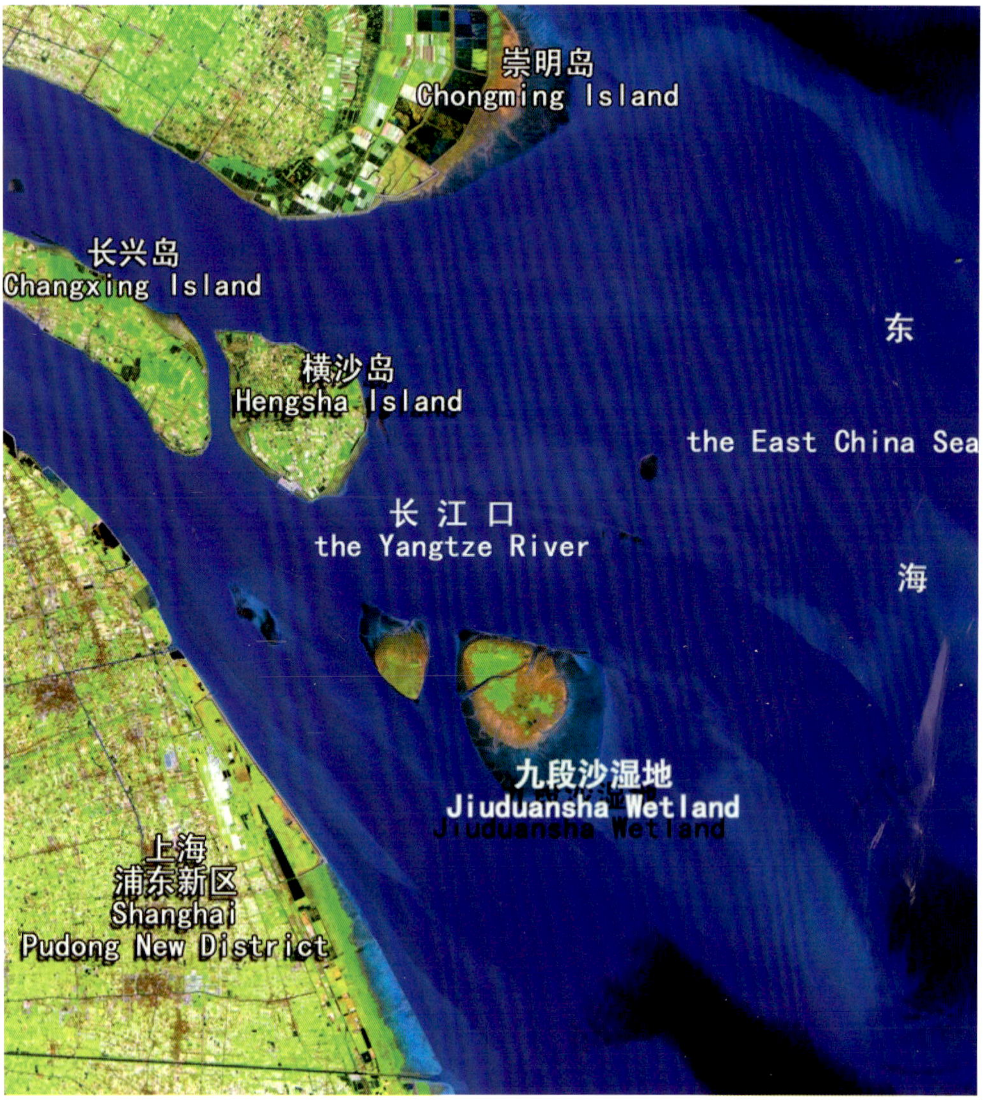

上海九段沙湿地是目前长江口最靠外海和最年轻的河口沙洲岛屿，是处在海洋、河流、陆地三大生态系统相互作用中呈自然演替状态下的典型河口型潮汐滩涂湿地，也是长江河口和上海市面积最大、自然状态保持最完整的河口潮滩湿地自然保护区。它在物质生产、生物多样性保护、净化水体和调节水文与气候等方面均具有十分重要的功能，是研究自然条件下的成陆过程、河口湿地生态系统自然演变、生物多样性起源与维持以及成为鸟类栖息地等方面的良好场所，可以作为其它相类似湿地的重要参照本底。

快速演替的原生自然潮滩湿地

九段沙湿地处于世界第三、中国第一大河流——长江的入海口，由长江携带来的泥沙淤积所形成的、最靠外海也是最年轻的河口沙洲岛屿，形成的时间仅50年左右，目前仍处于河口沙洲发育的初级阶段。它是一个典型的、生物群落处于不断演替过程中的河口潮滩湿地生态系统。由于沙洲上没有固定的居民居住，且交通不便，人类活动对自然环境的干扰极小，使得九段沙湿地保持着高度的自然性与原生性，它是长江河口区自然生态环境特征的真实反映，可为该区域的环境变化提供重要的自然本底。同时，九段沙湿地对长江河口的水质净化、减少东海海域赤潮的发生频率、防止盐水入侵、改善上海陆地空气质量有明显作用，是上海市及长江三角洲地区重要的生态屏障。因此，九段沙湿地是长江河口区最具有代表性、处于快速演替阶段的原生自然潮滩湿地，是一块极有典型性和稀有性、仍保持原生态的自然湿地生态系统。

不断向东南方向淤涨延伸的低潮滩，落潮后，露出呈“S”形的潮沟

九段沙中潮滩是水动力最为活跃和强烈的地带，也是滩地微地貌类型最多和变化最大的地带。

低潮滩地势极为平缓，
表层往往有一层薄薄的浮泥，
其下部是较粗的粉砂，俗称“铁板沙”。

九段沙江亚南沙南侧在不断淤涨，沙体向东南向延伸，
低潮滩已出现先锋植物——海三棱藨草（藨草）。

YANG MING

人类生产活动与
鸟类自由生活的和谐景观。

长江河口湿地生态系统的代表区域

由于对土地资源的急迫需求，目前长江河口区的沙洲岛屿及沿岸边滩的大部分湿地都已经开发殆尽，并丧失了原生河口湿地生态系统的特征。而九段沙作为该区域仍然保持河口湿地生态系统特征的沙洲，是最具长江河口湿地独特自然生态环境特征的代表区域。另外，九段沙的鱼类区系中几乎涵盖了长江口的所有河口性鱼类，其组成能充分反映长江河口鱼类的区系特征；在九段沙记录到的底栖动物占长江河口湿地中大型和小型底栖动物种类的98%，具有长江河口湿地底栖动物的典型代表性。因此，九段沙湿地无疑是长江河口区生物多样性的热点区域。

锯缘青蟹 *Scylla serrata*

潮水在侧向力的作用下发育成像河一样的“河曲”，丰富的潮沟是幼鱼育肥的重要场所。

“牛轭湖”——因“河曲”的截弯取直而形成死亡的潮沟，是许多鸟类良好的栖息地。

九段沙上沙南岸因南槽的演变出现了蚀退—淤进—再蚀退的旋回，径潮流的共同作用，推动潮沟系统的发育、演化。

这一区域是底栖动物的栖息地。

受风浪潮作用，边坡侵蚀、后退，裸露出芦苇根茎。

湿地植物

九段沙湿地形成时间仅半个多世纪，目前仍处在不断淤涨之中。从植物区系种类上看，其组成简单，现仅有高等植物15科33属36种，主要以被子植物，草本为主；从植物区系成分上看，绝大多数是全球分布或泛北分布的隐域性成分，很少有地区特有的成分。海三棱藨草是我国特有种，仅分布于长江口及杭州沿江或沿海滩涂，九段沙湿地已成为这一我国特有种的最大分布区域。

净化水质的海三棱藨草群落

上海九段沙湿地国家级自然保护区现状图

九段沙湿地大部分为天然植被，根据野外样方和植物群落的种类组成、外貌特征、生态地理特点和演化动态趋势，参照1999年郎惠卿《中国湿地植被》的分类方法，采用植被型组（vegetation type group）、植被组（vegetation type）、群系（formation）、群丛（association）4级分类单位的方法，九段沙主要植被类型有：海三棱藨草群落、芦苇群落、芦苇—互花米草混生群落、糙叶苔草群落和碱蓬群落等。

海三棱藨草是九段沙湿地植被演替过程中的先锋植物，且可以促使泥沙淤积，起到促淤成陆作用，也是湿地鸟类的重要栖息地和食物来源，它的坚果及地下球茎中含有大量营养物质，是很多雁鸭鸟类（包括小天鹅等）的主要食物。

芦苇　*Phragmites communis*
除江亚南沙外，九段沙的上、中、下沙均有芦苇群落的分布。大片的芦苇主要分布在上沙高程较高的潮滩，形成单优势种的高密度芦苇群落。

海三棱藨草
Scirpus mariqueter
海三棱藨草适宜生长在江、海交界的滩涂，中度盐渍化土，含盐量在0.2%～0.48%之间，现各沙洲均有该植物群落的大量分布。

互花米草

Spartina alterniflora

互花米草是为“种青促淤引鸟”生态工程而人工引种植物，目前，呈快速扩散，各沙洲均有分布。

束尾草

Phacelurus latifolium

在上沙、中沙、下沙的大型潮沟边缘，零星分布有直径大小不等的束尾草斑块。

糙叶苔草

Carex scabrifolia

在部分高潮滩的洼地，有大小不等的糙叶苔草斑块镶嵌在主要植物群落中。

藨草

Scirpus triqueter

藨草分布在海三棱藨草的内带，一定高程的滩涂上。

萝藦　*Metaplexis japonica*　在下沙高潮滩，高程较高的地方，出现萝藦等有利于中生化植物定居的植物。

碱菀　*Tripolium vulgare*
是九段沙优势植物种类之一。除江亚南沙外均有分布，呈点状或大小不等的斑状镶嵌在植物群落中。

碱蓬　*Suaeda glauca*　是滨海盐沼中分布较广的先锋植物之一，也是滩涂含盐量的指示种类，在九段沙形成单优势种群落。

水生动物的家园

九段沙水域已记录到的鱼类有131种，隶属于19目50科。其中鲈形目（Perciformes）占鱼类总数的33.6%，鲤形目（Cypriniformes）占12.5%，鲱形目（Clupeiformes）占8.6%，鲀形目（Tetraodontiformes）占7.0%，软骨鱼类（Chondrichthyes）占3.9%，其它13目共占34.4%。从生态类型来看，河口性鱼类和近海鱼类各约占30%，淡水鱼类约占20%，沿岸性鱼类约占10%，过河口性产卵的洄游鱼类接近10%。鱼类区系处于长江下游至东海鱼类区系的过渡类型，具有河口鱼类区系的显著特点，比其它湿地更具长江河口鱼类区系的代表性。

九段沙水域几乎没有以浮游植物为主要食物的鱼类，以鱼类为食的凶猛性鱼类也仅有龙头鱼（*Harpodon nehereus*）、长蛇鮈（*Saurogobio dumerili*）、鲈（*Lateolabrax japonicus*）和小带鱼（*Eupleurogrammus muticus*）等几种。极大多数鱼类是以底栖生物和有机碎屑为食，如鰕虎鱼类（Gobiidae）、弹涂鱼类（Periophthalmidae）、舌鳎科（Cynoglossidae）鱼类以及长吻鮠（*Leiocassis longirostris*）、鲻（*Mugil cephalus*）等。另外，也有较多种类以浮游动物为主要食物，如银鱼科（Salangidae）、鲱科（Clupeidae）等鱼类。与我国东部其它河口湿地的鱼类区系相比，九段沙鱼

类区系不仅自身具有显著特色，同时也分布有许多南方和北方河口区的鱼类。其鱼类区系中还包含着我国著名珍稀鱼类中华鲟（*Acipenser sinensis*）、白鲟（*Psephurus gladius*）、花鳗（*Anguilla marmorata*）、胭脂鱼（*Myxocyprinus asiaticus*）、松江鲈（*Trachidermus-asciatus*）等国家级重点保护野生动物，保护对象具有明显的稀有性。

鳗鲡 *Anguilla japonica*

九段沙不仅为长江河口鱼类提供了适宜的栖息生境，也为长江的许多淡水鱼类、东部沿海的沿岸鱼类和近海鱼类等提供了理想的索饵场所，同时它是长江9种江海洄游性鱼类的必经通道。因此，自然保护区所产生的巨大作用不仅仅局限于长江河口本身，还会影响到整个长江流域的鱼类区系，对保护东海和黄海南部沿海的渔业资源也具有十分重要的意义。同时，该自然保护区可以为河口湿地鱼类区系的演替、鱼类生态学和保护生物学在各个层次上的研究提供良好的科研场所，同时也对监测长江流域的生态环境质量，研究长江流域大型水利工程对长江口鱼类的影响等具有独特的指示作用。

中华鲟 *Acipenser sinensis*（国家一级保护动物）

弹涂鱼　*Periophthalmus modestus*

大鳍弹涂鱼　*Periophthalmus magnuspinnatu*

弹涂鱼类是现存2万多种鱼类中最能离水跳跃和爬行的类群，它们大多栖息在沿岸及滩涂，以底栖生物、硅藻等为主要食物，能长时间离水生活，是大西洋至印度—太平洋的暖温带、热带沿岸湿地最典型的鱼类之一，在韩国、日本、中国大陆、台湾、中南半岛、菲律宾、马来西亚和印尼均有分布。

弹涂鱼类是亲缘相近、形态相似、生活习性类似的一群鱼类，也是深受公众和湿地环保专关注的一个常用环境指示类群。世界上共有4属20余种，中国有3属5种，弹涂鱼、大弹涂鱼、青弹涂鱼、大青弹涂鱼和大鳍弹涂鱼，分布在南海、东海和黄海等沿海。九段沙是只有半个多世纪历史的河口沙岛，在面积如此狭小、栖息环境相对独立而简单的沙岛内同时集中生活着这5种弹涂鱼类，这是在国内外都未见报道的分布现象。弹涂鱼类是九段沙湿地滩涂常见的鱼类，也是与湿地环境最密切相关的定居性鱼类。因此，九段沙是一个举世罕见的、剖析这一类群时空分布格局以及推究其资源保育技术的天然理想实验场。

胭脂鱼　*Myxocyprinus asiaticus*（国家二级保护动物）

草鱼　*Ctenopharyngodon idellus*

大鳍刺鳑鲏　*Acheilognatht macropterus*

鳜　*Siniperca chuatsi*

沙塘鳢　*Odontobutis obscura*

赤魟 *Dasyatis akajei*

金钱鱼（金鼓鱼） *Scatophagus argus*

银鲳 *Pampus argenteus*

星点东方鲀　*Takifugu niphobles*

鲈鱼　*Lateolabrax japonicus*

弓斑东方鲀　*Takifugu ocellatus*

暗纹东方鲀　*Takifugu obscurus*

黄鳍东方鲀　*Takifugu xanthopterus*

绿海龟 *Chelonis mydas*（国家二级保护动物）

九段沙成陆时间较短，和陆地隔几公里的水域遥遥相望，对于迁移能力较弱的两栖爬行类来说，扩散难度较大。目前，在九段沙，仅有中华大蟾蜍的记录。在水域中，可能还分布有一些游蛇和海龟。随着九段沙高程的不断变化，相信会有更多的两栖爬行类动物来此定居。这里是两栖爬行动物新栖息地。

大蟾蜍 *Bufo bufo*

底栖动物的居所

底栖动物是河口湿地中最重要的定居动物的代表类群之一，它们是河口湿地生态系统中负责分解和营养循环的关键类群。底栖动物相对运动能力较弱，分布与数量对于环境条件的变化特别敏感，因此，常常被作为环境监测的指示动物。九段沙保护区目前共记录到130种底栖动物。

天津厚蟹
Helice tridens tientsinensis

天津厚蟹（蟹类栖息环境）

中华绒螯蟹 *Eriocheir sinensis*

中华虎头蟹
Orithyia sinica

宽身大眼蟹 *Macrophthalmus dilatatu*

三疣梭子蟹
Portunus trituberculatus

锯缘青蟹 *Scylla serrata*

弧边招潮蟹 *Uca arcuata*

豆形拳蟹 *Philyra pisum*

泥藤壶 *Balanus uliginosus*

瘤背石磺 *Onchidium struma*

泥螺 *Bullacta exarata*

中华拟蟹守螺 *Cerithidea sinensis*

绯拟沼螺 *Assimines latericera*

缢蛏 *Sinonovacula constricta*

焦河蓝蛤 *Potamocorbula ustulata*

鸟类的乐园

根据近年来的多次调查统计，截至2007年12月，九段沙湿地已记录到鸟类共计14目37科180种。其中，国家一级保护动物有东方白鹳（*Ciconia boyciana*）、遗鸥（*Larus relictus*）、白头鹤（*Grus monacha*）等3种，国家二级保护动物有小天鹅（*Cygnus columbianus*）、黄嘴白鹭（*Egretta eulophotes*）、鸳鸯（*Aix galericulata*）等18种。属于《中日候鸟保护协定》保护范围的有112种，属于《中澳候鸟保护协定》保护范围内的有51种。

九段沙湿地成陆时间短，缺乏高大乔木等生境，因此鸟类以鸻鹬类、雁鸭类和鸥类等水鸟为主。截至2007年12月，九段沙共记录到水鸟98种，占全部鸟类种数的约54%。九段沙地区是鸻鹬类迁徙的中途停歇地之一，已经记录到44种鸻鹬类水鸟。其中，常见的有大滨鹬（*Calidris tenuirostris*）、黑腹滨鹬（*Calidris alpina*）、环颈鸻（*Charadrius alexandrinus*）等。近来年，在九段沙多次目击到新西兰、澳大利亚西北部彩旗标记的鸻鹬类。这些发现，都表明了九段沙湿地对于东亚－澳大利西亚迁徙鸻鹬类的重要性。

冬季的雁鸭类也是九段沙的一个特色。据统计，每年有大约5万只的野鸭在九段沙越冬，是长江口地区最集中的雁鸭越冬地。九段沙已经记录到了雁鸭类19种。上海地区自20世纪90年代以后，就没有记录到大群小天鹅，2007年1月，九段沙地区发现的72只大群小天鹅，是上海地区10年来的最大种群。

九段沙地区是上海附近鸥类种类最丰富的地区。每年春季迁徙前，长江口附近的鸥类都会在九段沙集结成上千只的大群。05年1月，在九段沙发现了国家一级保护动物遗鸥，这也是上海地区的第一个观测记录。此后，每年冬季都有少量个体发现，九段沙很可能是遗鸥当年幼鸟的越冬地之一。上海鸟类新记录黑枕燕鸥（*Sterna sumatrana*）于2007年6月在九段沙首次发现。国家二级保护动物黑嘴鸥（*Larus saundersi*）每年有百余只的种群稳定地过境九段沙。九段沙湿地还是斑背大苇莺（*Megalurus pryeri*）、震旦鸦雀（*Paradoxornis heudei*）等湿地依赖鸟类的重要栖息地。作为长江口附近面积最大的自然保护区，九段沙湿地对于迁徙候鸟，特别是濒危水鸟，具有重要意义。

遗鸥　*Larus relictus*（国家一级保护动物）

九段沙位于东亚——澳大利西亚候鸟迁徙路线上，每年春秋，都有大量的涉禽在此停歇、觅食，休整身体后继续迁飞。截至2007年底，九段沙已经记录到鸻形目鸟类44种，其中有小青脚鹬（*Tringa guttifer*）、小杓鹬（*Numenius minutus*）等国家二级保护鸟类。九段沙还是鹤类和鹭类的越冬地，记录到东方白鹳（*Ciconia boyciana*）、灰鹤（*Grus grus*）、白头鹤（*Grus monacha*）和黑脸琵鹭（*Platalea minor*）等大型涉禽。

黑腹滨鹬
Calidris alpina

白头鹤　*Grus monacha*（国家一级保护动物）

白头鹤　*Grus monacha*（国家一级保护动物）

白琵鹭　*Platalea leucorodia*（国家二级保护动物）

黑脸琵鹭 *Platalea minor*（国家二级保护动物）

东方白鹳 *Ciconia boyciana*（国家一级保护动物）

灰鹤为国家二级保护鸟类，在迁徙季节途经长江河口区，为旅鸟，有少数个体在长三角地区越冬。（近几年均无记录）

大麻鳽 *Botaurus stellaris*

白鹭 *Egretta garzetta*

苍鹭 *Ardea cinerea*

反嘴鹬　*Recurvirostra avosetta*

小青脚鹬 *Tringa guttifer*（国家二级保护动物）

扇尾沙锥 *Gallinago gallinago*

鹤鹬 *Tringa erythropus*

大杓鹬　*Numenius madagascariensis*

翻石鹬　*Arenaria interpres*

黑腹滨鹬 *Calidris alpina*

三趾滨鹬 *Calidris alba*

翘嘴鹬 *Xenus cinereus*

尖尾滨鹬 *Calidris acuminata*

中杓鹬 *Numenius phaeopus*

斑尾塍鹬 *Limosa lapponica*

灰头麦鸡 *Vanellus cinereus*

凤头麦鸡 *Vanellus vanellus*

剑鸻 *Charadrius hiaticula*

蒙古沙鸻 *Charadrius mongolus*

环颈鸻　*Charadrius alexandrinus*

铁嘴沙鸻　*Charadrius leschenaultii*

青脚鹬　*Tringa nebularia*

黑翅长脚鹬 *Himantopus himantopus*

黑尾塍鹬常集群迁徙，
掠过秋日里湿地的上空。

由于分布着大量雁鸭类喜食的海三棱藨草，九段沙成为长三角地区雁鸭类的主要越冬地之一，越冬雁鸭类的种类丰富，数量众多。越冬雁鸭类主要有绿翅鸭（Anas crecca）、斑嘴鸭（Anas poecilorhyncha）、针尾鸭（Anas acuta）等，还有小天鹅（Cygnus columbianus）、鸳鸯（Aix galericulata）等国家保护动物。

小天鹅　*Cygnus columbianus*（国家二级保护动物）

野鸭群

凤头潜鸭 *Aythya fuligula*

赤膀鸭　*Anas strepera*

鸳鸯　*Aix galericulata*（国家二级保护动物）

野鸭群

绿头鸭　*Anas platyrhynchos*

豆雁　*Anser fabalis*

红喉潜鸟　*Gavia stellata*

赤麻鸭　*Tadorna ferruginea*

凤头䴙䴘 *Podiceps cristatus*

小䴙䴘 *Tachybaptus ruficollis*

普通秋沙鸭
Mergus merganser

秋冬时节，九段沙茂盛的水生植物、纵横交错的潮沟，为野鸭创造了良好的越冬条件。

九段沙靠近东海，是上海地区鸥类最丰富的地区，已经在九段沙记录到鸥和燕鸥14种。

鸥嘴噪鸥 *Gelochelidon nilotica*

银鸥 *Larus argentatus*

白额燕鸥 *Sterna albifrons*

黑尾鸥 *Larus crassirostris*

银鸥 *Larus argentatus*（上、中、下）

水禽是湿地生态系统的重要组成部分。水禽的数量和种类，是衡量湿地生态系统质量的重要指标。《湿地公约》中，对于保护水禽，做了专门规定。我国的水禽，绝大部分属于候鸟，每年在东亚——澳大利西亚迁徙路线上迁飞。所以，这些水禽，不光是我国的重要生态资源，还是亚洲和大洋洲其它国家的宝贵财富。

黑嘴鸥　*Larus saundersi*（国家二级保护动物）

这就要求迁徙线路经过的各个地区，都携起手来，共同保护这些美丽的水上精灵。水禽作为湿地生态系统的一部分，也是九段沙的重要保护对象之一。今后，我们将加强和国内外兄弟保护区的合作，更好地保护九段沙的水禽。

猛禽是湿地生态系统的王者，
在我国东部，湿地猛禽主要有各种鹞类和鹗以及黑耳鸢。
冬季，红隼和普通鵟也会来到九段沙越冬。

白尾鹞　*Circus cyaneus*（国家二级保护动物）

九段沙湿地是许多鸟类重要的越冬地，每到冬季，普通鵟，红隼等猛禽也常在九段沙区域活动。

普通鵟 *Buteo buteo*（国家二级保护动物）
普通鵟在九段沙为冬候鸟，冬季在保护区较为常见。

红隼 *Falco tinnunculus*（国家二级保护动物）
红隼在九段沙为冬候鸟，冬季在保护区较为常见。

白腹鹞 *Circus spilonotus*（国家二级保护动物）
白腹鹞在九段沙为冬候鸟。

红隼 *Falco tinnunculus*（国家二级保护动物）

九段沙广阔的芦苇荡是湿地鸣禽的天堂。主要有各种鹀、莺、鹡鸰和攀雀等，如斑背大苇莺（*Megalurus pryeri*）、震旦鸦雀（*Paradoxornis heudei*）和灰头鹀（*Emberiza spodocephala*）。它们有的以芦苇的种子为食，有的以在芦苇中的昆虫为食。有些鸣禽在九段沙是留鸟。它们给宁静的芦苇荡带来了勃勃生机。

小鸦鹃 *Centropus bengalensis*
（国家二级保护动物）

棕扇尾莺 *Cisticola juncidis*

灰头鹀 *Emberiza spodocephala*

攀雀 *Remiz consobrinus*

白腹鸫　*Turdus pallidus*

黄鹡鸰 *Motacilla flava*

白鹡鸰 *Motacilla alba*

灰鹡鸰 *Motacilla cinerea*

棕背伯劳 *Lanius schach*

北红尾鸲 *Phoenicurus auroreus*

红颈苇鹀 *Emberiza yessoensis*

苇鹀 *Emberiza pallasi*

东方大苇莺 *Acrocephalus orientalis*

水生哺乳动物的栖息地

江豚 *Neophocaena phocaenoides*
（国家二级保护动物）

九段沙水域曾经为水生哺乳动物的重要栖息地，其临近水域历史上有记录的水生哺乳动物共14种，其中包括鲸目（Cetacea）的须鲸亚目3种，齿鲸亚目10种，食肉目（Carnivora）的鳍足类1种。这些种类均为国家级保护动物。长须鲸（*Balaenoptera physalus*）、布氏鲸（*Balaenoptera edeni*）、小须鲸（*Balaenoptera acutorostrata*）、抹香鲸（*Physeter macrocephalus*）、柏氏中喙鲸（*Mesoplodon densirostris*）、虎鲸（*Orcinus orca*）、伪虎鲸（*Pseudorca crassidens*）、糙齿海豚（*Steno bredanensis*）等8种为大洋性分布的种类，在九段沙及临近水域历史上都有分布的记录。中华白海豚、太平洋斑纹海豚（*Lagenorhynchus obliquidens*）、瓶鼻海豚（*Tursiops truncates*）、江豚（*Neophocaena phocaenoides*）等4种为沿海分布的种类，有时也到大的江河下游觅食；江豚可在整个长江中下游水域生活；白鳍豚是淡水豚类。目前只有江豚在九段沙水域具有丰富而稳定的种群；瓶鼻海豚和斑海豹（*Phoca largha*）历史上也有多次发现。

斑海豹 *Phoca largha*
（国家二级保护动物）

精彩的昆虫世界

昆虫为许多鸟类的主要食物，对维持自然保护区的鸟类群落有重要意义。九段沙湿地是新生淤长型湿地，湿地植被的演替还处于初级演替阶段，因此昆虫的种类不多，但这些昆虫在整个湿地生态系统中也扮演精彩的角色。

狭翅大刀螳 *Tenodera angustipennis*

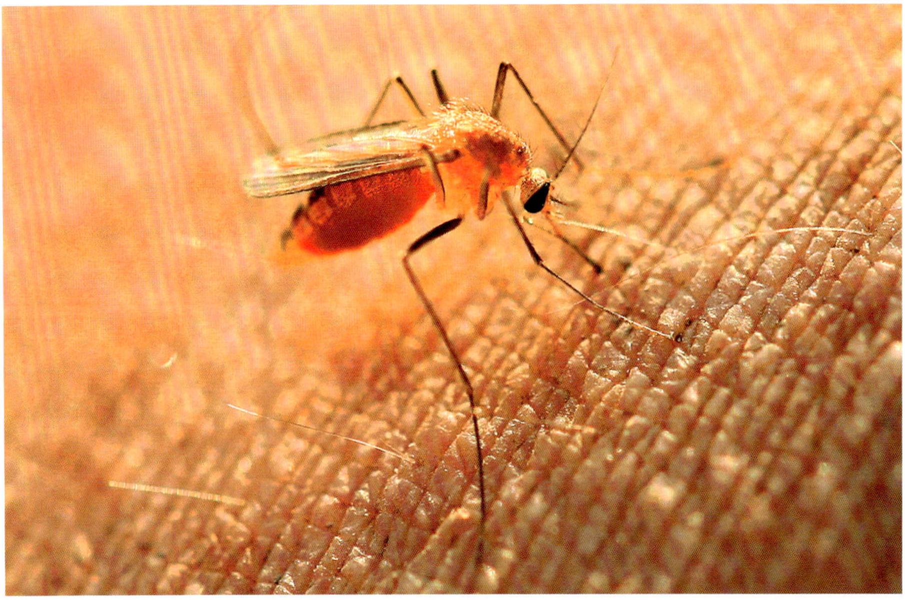

伊蚊 *Aedes* sp.

槐尺蠖 *Semiothisa cinerearia*

灯蛾 *Arctiidae* sp.

红蝽 *Pyrrhocoridae* sp.

天幕毛虫 *Malacosoma* sp.

意大利蜜蜂　*Apis mellifera ligustica*

丽蝇　*Calliphoridae* sp.

黄翅蜻　*Brachythemis contaminata*

短额负蝗　*Atractomorpha sinensis*

日本负子蝽　*Diplonychus japonicus*

宽边黄粉蝶　*Eurema hecabe*

[1] 黄华梅、张利权、高占国. 上海滩涂植被资源遥感分析〔J〕. 生态学报，2005，25（10）：2685-2693

[2] 唐承佳，陆健健. 长江口九段沙植物群落研究〔J〕. 生态学报，2003，23（2）：399-403

[3] 陈家宽等. 上海九段沙湿地自然保护区科学考察集〔M〕. 北京：科学出版社，2003

[4] 张建龙等. 湿地公约履约指南〔M〕. 北京：中国林业出版社，2000.

[5] 贺宝根，左本荣. 九段沙微地貌演变与芦苇的生长〔J〕. 上海师范大学学报（自然科学版），2000，29(4)：86-90

[6] 李道季，陈吉余. 上海浦东东滩与九段沙生态环境的比较〔J〕. 长江流域资源 与环境，1997, 6(3)：283-287

[7] 黄正一、虞快、孙振华. 上海鸟类资源及其生境〔M〕. 上海: 复旦大学出版社，1993

[8] 上海市海岸和海涂资源综合调查组. 上海市海岸和海涂资源综合调查报告〔M〕. 上海: 上海科学技术出版社，1998

[9] 《上海市海岛资源综合调查报告》编写组. 上海市海岛资源综合调查报告〔M〕. 上海: 上海科学技术出版社，1996

[10] 上海市九段沙湿地自然保护区总体规划编写组. 上海市九段沙湿地自然保护区总体规划（内部资料），2001

[11] 高峻. 上海自然植被的特征、分区与保护〔J〕. 地理研究, 1997，16(3): 82-88

[12] 陆健键. 中国湿地〔M〕. 上海: 华东师范大学出版社，1990

[13] 宋国元，袁俊峰，左本荣. 九段沙植被分布及其环境因子研究〔J〕. 上海师范大学学报（自然科学版），2001，30(1): 69-73

[14] 袁兴中, 何文珊, 孙平跃等. 长江口九段沙湿地生物资源及其变化趋势研究〔J〕. 环境与开发, 1999，14(2): 1-4

[15] 农牧渔业部水产局, 东海区渔业指挥部.东海区渔业资源调查与区划〔M〕. 上海: 华东师范大学出版社，1987

[16] Wetlands International 2002. Waterbird Population Estimates – Third Edition〔J〕. Wetlands Global Series No.12, Wageningen, The Netherlands.

[17] Barter M. Shorebirds of the Yellow Sea: importance threats and conservation status〔J〕.Wetlands International Global series 9. Wetland International-Oceania. Canberra, 2002.

[18] Delany S., and Scott D.Waterbird population estimates (3rd edition). Wetland International Global Series No.12, Wageningen, The Netherlands，2002.

[19] 上海市科学技术委员会 科研计划项目课题（04 DZ 19305）：九段沙湿地动态监测、效应评价及后备土地资源的科学利用（研究报告）〔R〕：九段沙湿地冲淤演变机制、趋势、后备土地资源量及中长期科学利用规划.

图书在版编目（CIP）数据

上海九段沙湿地／上海九段沙湿地国家级自然保护区主编．—北京：中国林业出版社，2008.7
ISBN 978-7-5038-5254-1
Ⅰ．上… Ⅱ．上… Ⅲ．沼泽化地－自然保护区－概况－上海市 Ⅳ．S759.992.51

中国版本图书馆 CIP 数据核字（2008）第 088732 号

出版　中国林业出版社
　　　E-mail：cfphz@public.bta.net.cn　　电话：010-83227584
社址　北京市西城区德内大街刘海胡同 7 号　　邮编：100009
发行　新华书店北京发行所
印刷　北京外文印刷厂
制版　北京美光制版有限公司
开本　185mm×260mm
版次　2008 年 11 月第 1 版
印次　2008 年 11 月第 1 次
印张　6
字数　88 千字
定价　68.00 元